U0479051

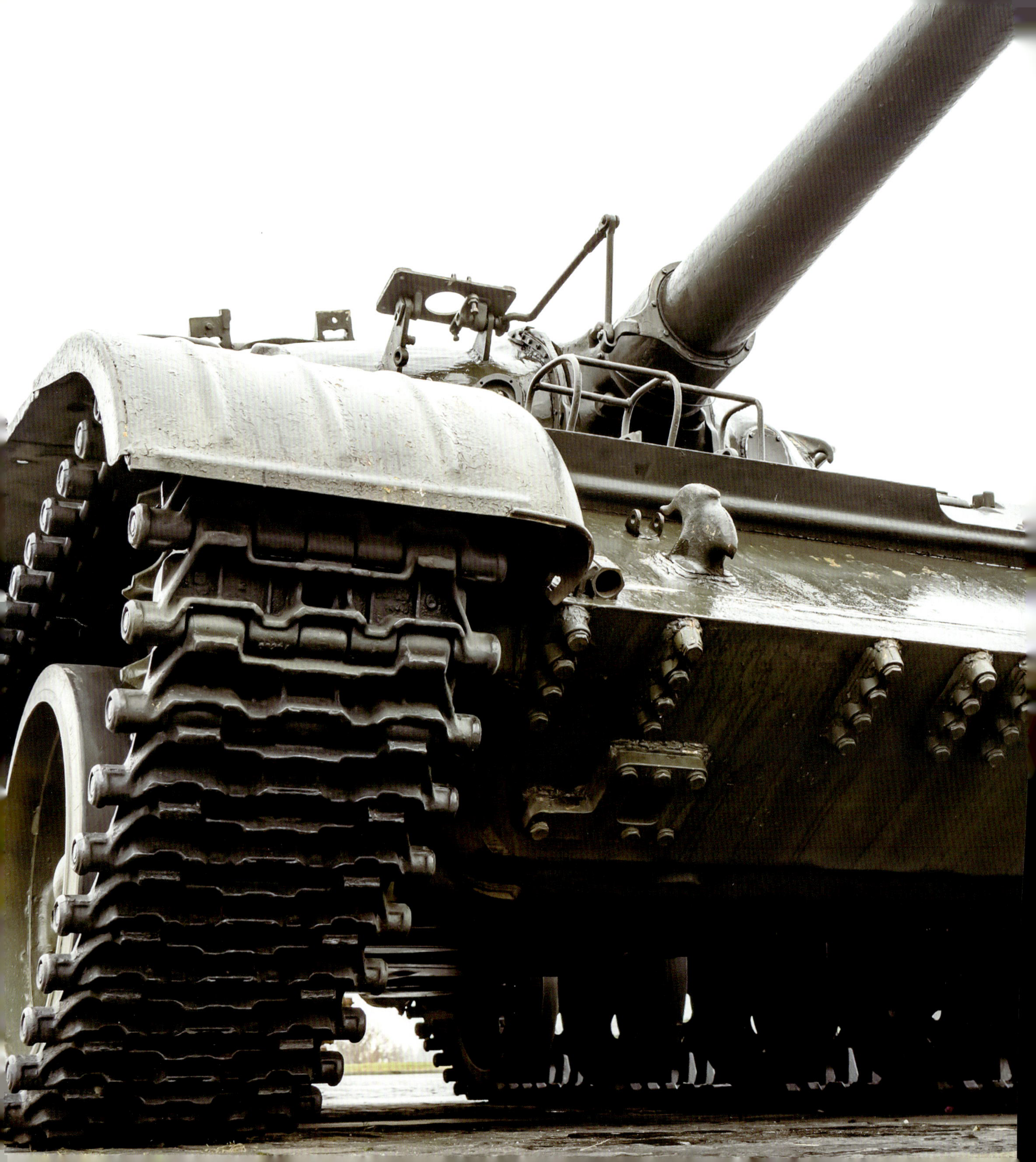

世界战车

WORLD FIGHTING VEHICLES

罗 兴 编著

坦克(二)

吉林美术出版社 | 全国百佳图书出版单位

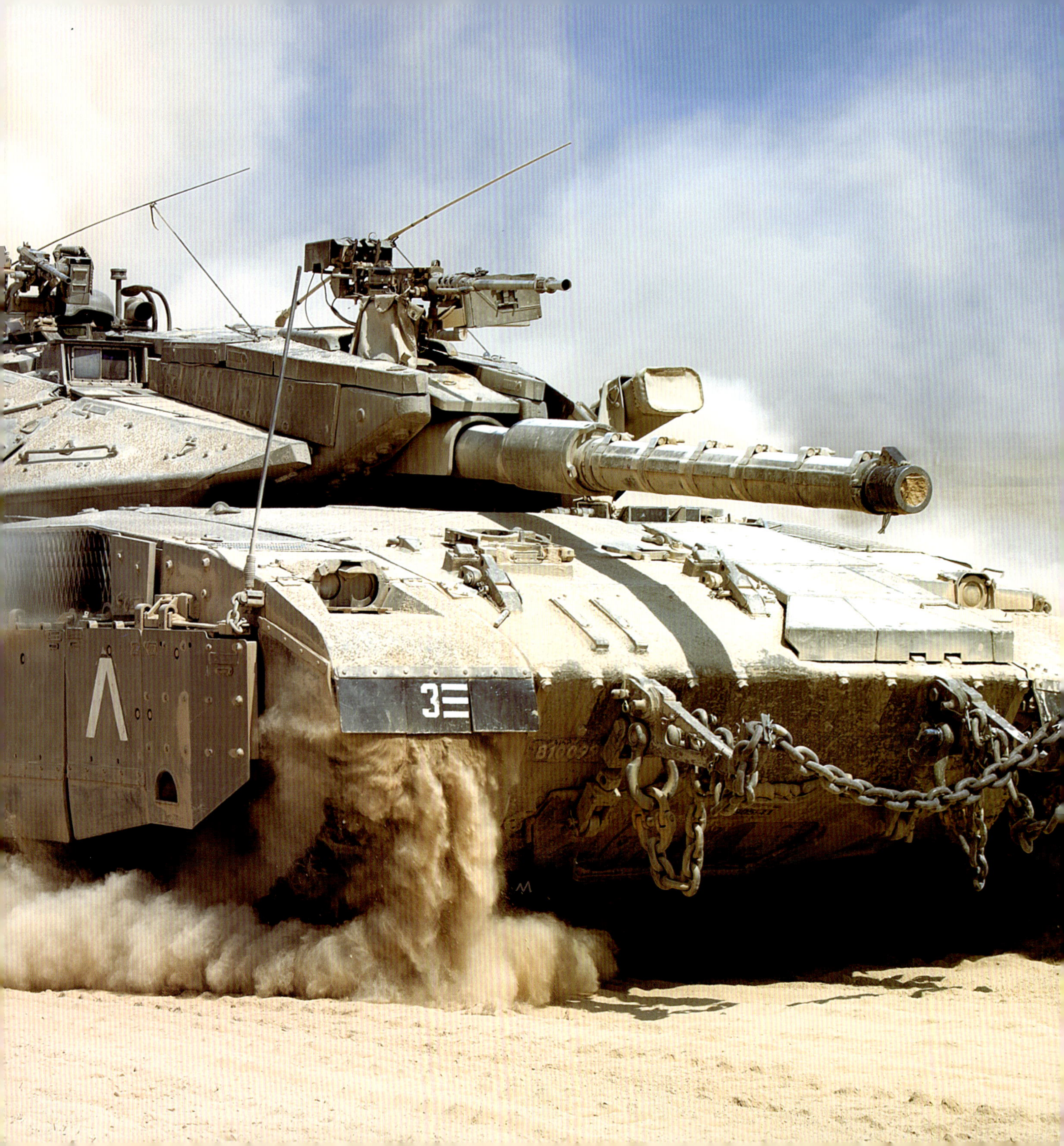

前　言

　　火药的诞生推动了战斗武器从冷兵器向热兵器转变，火枪与火炮成为早期热兵器的代表。由于热兵器的高杀伤力，人们开始设计能防弹的装甲。最早的装甲车原型见于文艺复兴时期的达·芬奇手稿，但因技术限制未投入使用，直到工业革命后内燃机的出现才为装甲车提供了动力。1914年第一次世界大战爆发，英军为突破堑壕首次使用了装甲车辆"Mark I"，即坦克。

　　20世纪30年代，由于注重机动性的轻型坦克在战斗中表现一般，欧美各国逐渐将坦克的设计转向注重机动和火力的中型坦克，及注重防护和火力的重型坦克。第二次世界大战期间，德国的坦克闪击战策略帮助德军有效占领了欧洲多国。1941年，德国入侵苏联，双方在东线的坦克战推动了坦克技术的飞速发展。战后，欧美各国整合战时的经验和技术，发展出了集火力、装甲和机动性于一体的初代主战坦克。

　　现代主战坦克除了传统的火力、防护与机动性，还整合了信息化和自动化技术。例如，火控系统能快速进行观测、索敌、瞄准、测距并修正弹道；主动拦截系统则能自动侦测并拦截来袭的破甲弹和导弹，提升防御能力。然而，随着无人技术和人工智能的发展，今天的主战坦克面临新的挑战，未来可能走向更多的无人化。这是军事技术发展中的一个重要课题。

目 录

虎王重型坦克 / 002

T-44 中型坦克 / 010

M4 "谢尔曼"系列中型坦克 / 012

诺曼底登陆——西线战场的开辟 / 017

"丘吉尔"重型坦克 / 018

M24 "霞飞"轻型坦克 / 024

M26 "潘兴"坦克 / 026

IS-3 重型坦克 / 028

"百夫长"主战坦克 / 034

AMX-13 轻型坦克 / 038

M51 "超级谢尔曼"中型坦克 / 040

主战坦克的代数划分 / 046

T-54 主战坦克 / 048

M48 "巴顿"坦克 / 052

T-55 主战坦克 / 058

M60 主战坦克 / 064

T-62 主战坦克 / 070

豹 1 主战坦克 / 074

T-64 主战坦克 / 082

现代坦克的困境与未来坦克的可能发展方向 / 084

T-72 主战坦克 / 092

"酋长"主战坦克 / 096

豹 2 主战坦克 / 100

T-80 主战坦克 / 106

M1 "艾布拉姆斯"主战坦克 / 110

挑战者 1 主战坦克 / 116

T-90 主战坦克 / 118

90 式主战坦克 / 122

勒克莱尔主战坦克 / 124

梅卡瓦主战坦克 / 130

10 式主战坦克 / 136

T-14 主战坦克 / 138

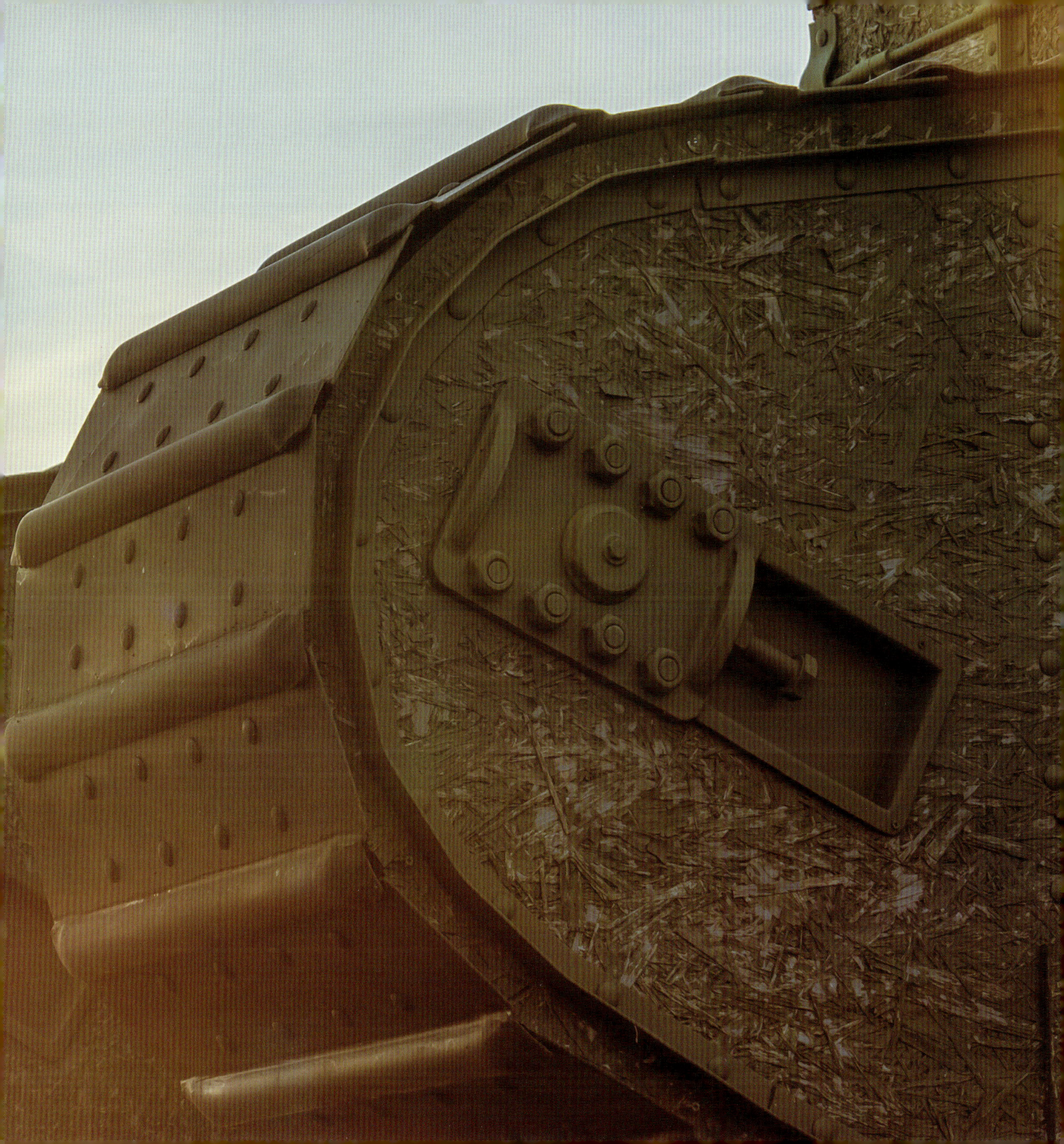

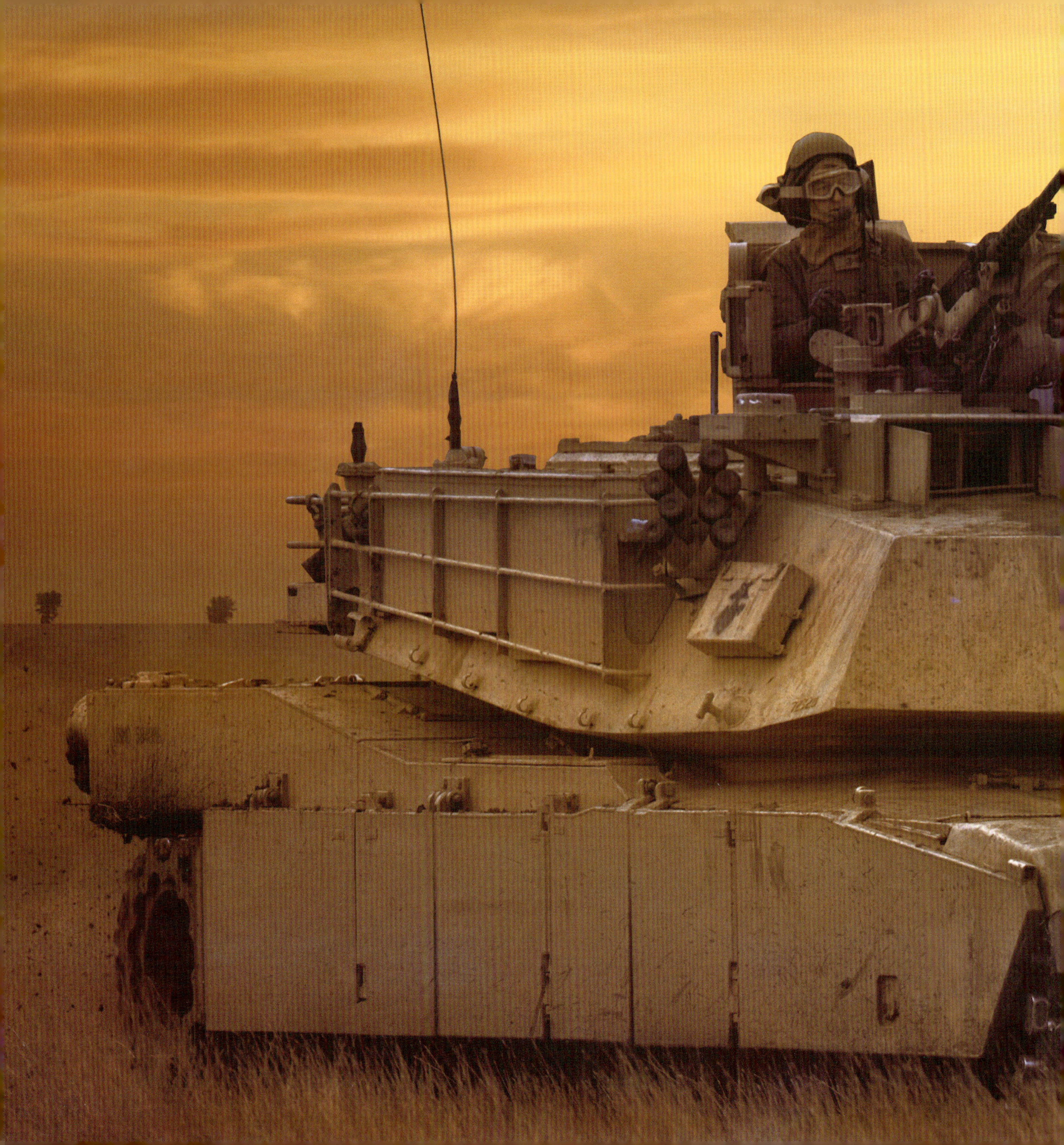

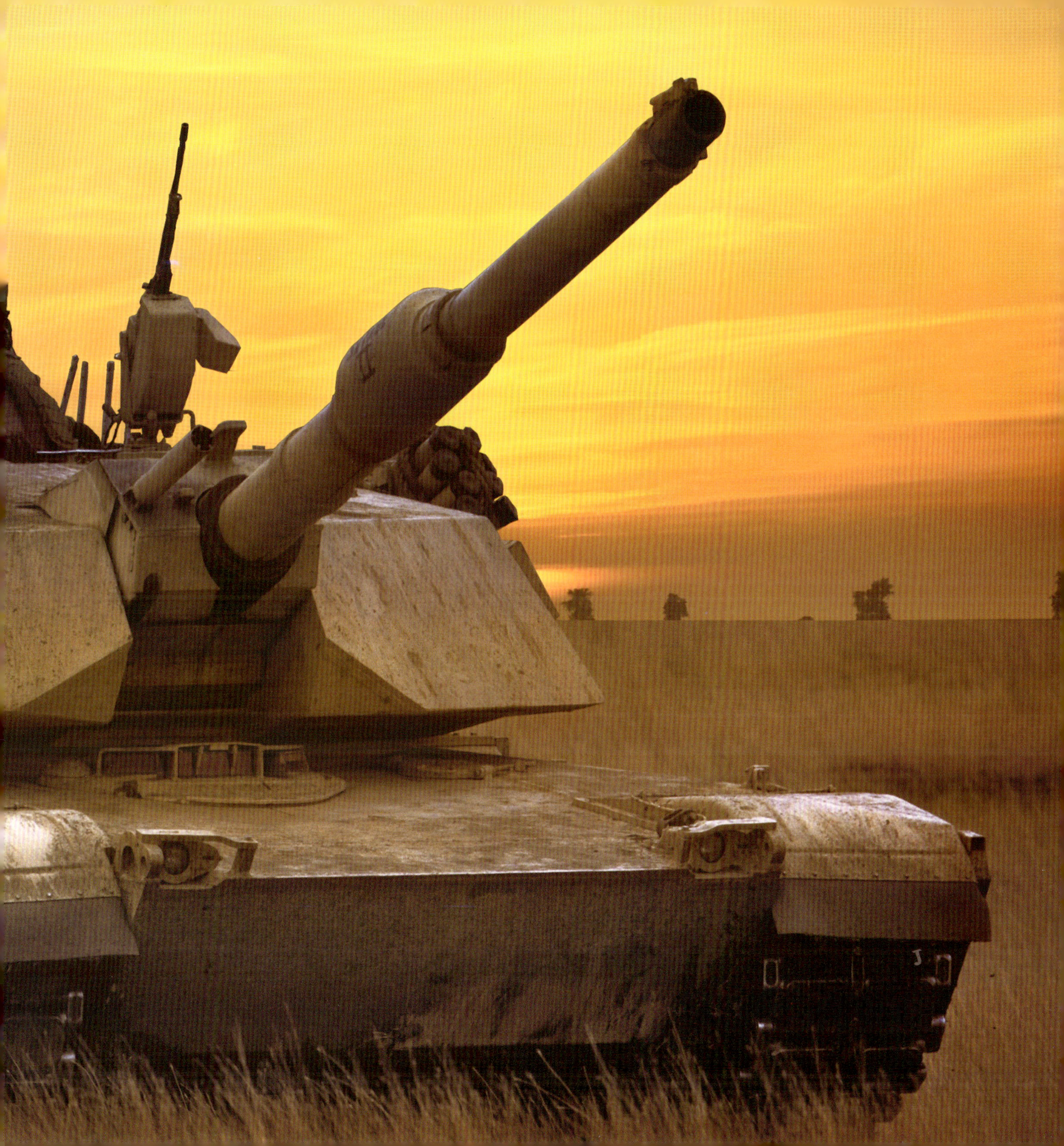

虎王重型坦克

虎王重型坦克是德国在第二次世界大战后期投入使用的一款重型坦克，这款重型坦克也被称为"虎Ⅱ坦克"（虎式坦克被称为"虎Ⅰ坦克"）。底盘采用倾斜式装甲设计的虎王重型坦克，在具备厚重装甲的同时也有着出色的抗弹性。从外观上来看，虎王重型坦克与豹式中型坦克非常相似，这两款坦克的倾斜装甲设计可以说"师承"于T-34中型坦克，都是经过德国先进的工业设计与精密的工业生产而诞生的经典车型。1944年，虎王重型坦克被德国投入使用。

坦 克（二） 003

尺　　寸：	长 10.26 米，宽 3.73 米，高 3.09 米
重　　量：	69700 千克
乘　　员：	5 人
续航里程：	110 千米
装甲厚度：	25~180 毫米
武器配备：	一门 88 毫米 KwK 43 火炮，两挺 7.92 毫米 MG34 机枪（一挺为主炮并列机枪，一挺为车体前部机枪）
动力装置：	一台迈巴赫 HL 230 P30 12 缸汽油发动机，功率 700 马力
机动性能：	最大公路速度 38 千米 / 小时，涉水深 1.6 米，过垂直墙高 0.85 米，越壕宽 2.5 米
产　　地：	德国

004 世界战车 World Fighting Vehicles

● 虎王重型坦克有着优秀的性能与战斗力，但困境也很明显，就像美军曾对于虎式重型坦克的推测——"德国无法大规模生产虎式坦克"。据统计，虎王重型坦克的总产量为492辆，极少的产量使这款坦克或是淹没在东线苏军的钢铁洪流与各型火炮之中，或在西线英、美军的空中优势打击中"身首分离"（以实战经验来看，装甲再厚重的坦克，顶部也是薄弱的）。

世界战车 World Fighting Vehicles

● 虎王重型坦克的底盘也被用于猎虎坦克歼击车的设计与生产，这款生产成本低于虎王重型坦克的战车被德军投入东、西线战场，以延缓盟军的攻势。

坦 克（二） 007

IS-2 重型坦克

尺　　寸：长 9.9 米, 宽 3.09 米, 高 2.73 米
重　　量：46000 千克
乘　　员：4 人
续航里程：240 千米
装甲厚度：30~120 毫米
武器配备：一门 122 毫米 D-25T 火炮, 一挺 12.7 毫米重机枪,
　　　　　两挺 7.62 毫米轻机枪
动力装置：一台 V-2-IS（V-2K）V-12 柴油发动机, 功率 600 马力
机动性能：最大公路速度 37 千米 / 小时, 过垂直墙高 1 米, 越壕宽 2.49 米
产　　地：苏联

虎王重型坦克

尺　　寸：长 10.26 米, 宽 3.73 米, 高 3.09 米
重　　量：69700 千克
乘　　员：5 人
续航里程：110 千米
装甲厚度：25~180 毫米
武器配备：一门 88 毫米 KwK 43 火炮, 两挺 7.92 毫米 MG34 机枪
　　　　　（一挺为主炮并列机枪, 一挺为车体前部机枪）
动力装置：一台迈巴赫 HL 230 P30 12 缸汽油发动机, 功率 700 马力
机动性能：最大公路速度 38 千米 / 小时, 涉水深 1.6 米,
　　　　　过垂直墙高 0.85 米, 越壕宽 2.5 米
产　　地：德国

坦 克（二）

在1944年的战斗中，苏军装备的IS-2重型坦克已能够威胁到虎王重型坦克，使德军装甲部队不再具备1943年时的装甲优势。

虎王重型坦克在利沃夫-桑多梅日战役中被投入使用，在1944年8月12日至13日的战斗中，约14辆虎王重型坦克被苏军击毁。

T-44 中型坦克

T-44 中型坦克是苏联在 1943 年开始研制的一款中型坦克。这款中型坦克 1944 年开始量产，但未能在战争结束前装备部队，因此未能进行实战检验。T-44 中型坦克在 T-34/85 中型坦克的基础上发展而来，采用炮塔中置、发动机横置、扭杆悬挂的设计，车体四周采用倾斜装甲，有着较好的抗弹性。T-44 中型坦克未能大规模装备苏军，总产量为 2000 辆，所积累的技术经验后来被运用在 T-54 主战坦克上。

尺　　寸：	长 7.65 米，宽 3.25 米，高 2.46 米
重　　量：	31800 千克
乘　　员：	4 人
续航里程：	350 千米
武器配备：	一门 85 毫米 ZIS-S-53 火炮，或一门 100 毫米 D-10T 火炮，或一门 122 毫米 D-25T 火炮；一挺 7.62 毫米机枪
动力装置：	V-44 12 缸水冷式柴油发动机，功率 520 马力
行驶速度：	53 千米/小时
产　　地：	苏联

坦 克（二） **011**

M4"谢尔曼"系列中型坦克

M4"谢尔曼"系列中型坦克是美国在第二次世界大战期间生产的主要坦克型号,这款坦克的衍生型、变型车众多。以坦克为例,M4"谢尔曼"系列中型坦克具有M4、M4A1、M4A2、M4A3、M4A3E8,以及M4A4等坦克型号。按照主武器的不同每种型号又可进行细分,比如《租借法案》中援苏的M4A2(76)W中型坦克,这种型号安装76毫米M1坦克炮,通常作为反装甲武器使用,从外观上来看这种火炮整体较长,炮口装有制退器,能够降低发射时产生的后坐力。同时,多数M4"谢尔曼"系列中型坦克安装75毫米榴弹炮,作为支援火力使用。

使用铸造车体的M4"谢尔曼",从视觉上来看无明显棱角,显得"圆滚滚"。

坦 克（二） 013

M4A2（76）W 中型坦克

M4A3 型

尺　　寸：	长 7.52 米（含炮长）、6.27 米（车体长），宽 2.68 米，高 3.43 米
重　　量：	32284 千克
乘　　员：	5 人
续航里程：	161 千米
装甲厚度：	15~100 毫米
武器配备：	一门 75 毫米火炮或一门 76 毫米火炮，一挺 12.7 毫米机枪，两挺 7.62 毫米机枪
动力装置：	一台福特 GAA V8 型汽油发动机，功率 400 或 500 马力
机动性能：	最大公路速度 47 千米/小时，涉水深 0.91 米，过垂直墙高 0.61 米，越壕宽 2.26 米
产　　地：	美国

世界战车 World Fighting Vehicles

- M4"谢尔曼"系列中型坦克的总产量在48000辆左右,是第二次世界大战中盟军西线战场的装甲主力,其中一些通过《租借法案》援助欧洲东线战场,可谓"四面开花"。同时,以M4"谢尔曼"系列中型坦克还发展出一系列变型车,比如坦克歼击车、装甲救护车、喷火坦克等,其中有一种搭载了多管火箭炮,被称为T34"风琴"多管火箭炮。

坦 克（二） 015

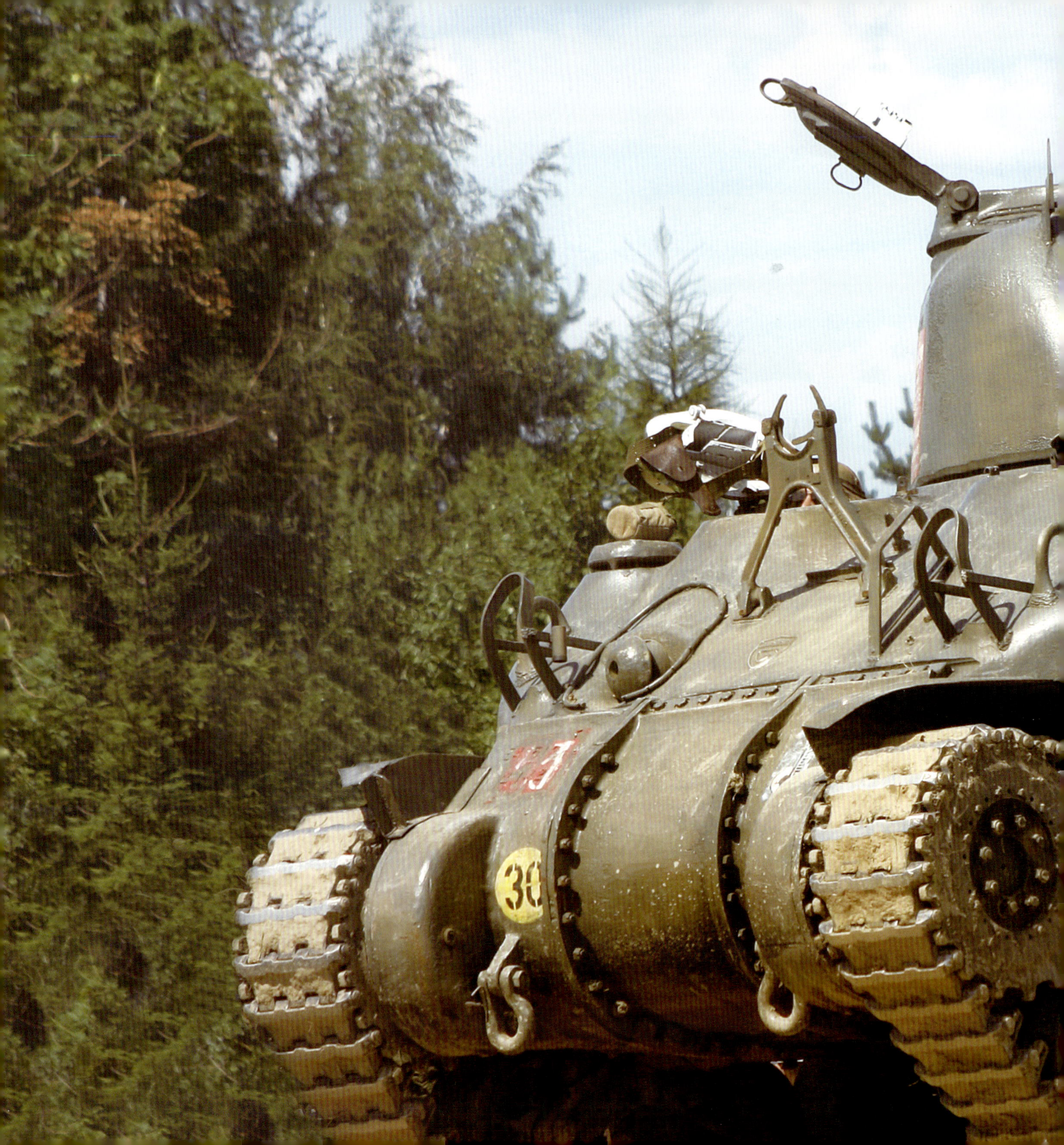

诺曼底登陆——西线战场的开辟

1944年6月6日，以英军和美军为主的同盟国军队成功在法国诺曼底地区登陆，并迅速向法国内陆推进。在推进的过程中，盟军也遭遇了德军装甲部队的抵抗，比如在波卡基村德军军官魏特曼及车组驾驶一台虎式重型坦克击毁了英军20余辆坦克，并退出战场。

面对德军的虎式重型坦克、虎王重型坦克、豹式中型坦克，盟军装备数量最大的M4"谢尔曼"系列中型坦克并不占优势。当然，战争到了这个阶段，德军已是强弩之末，单一装备的强势并不能改变战争的走向，再精良的坦克也会在空中与地面作战力量的联合绞杀下被炸为一堆废铁。

"丘吉尔"重型坦克

1939年,英国错误地预估未来战争的模式还会回到"一战"的堑壕战,因此设计了一款装甲厚重,但较"不灵活"的重型坦克。德军闪击法国后让英国明白今后的战争不会以堑壕战的方式展开,因此抓紧对自己设计的重型坦克进行改进。1941年,改进后的坦克被命名为"丘吉尔"重型坦克,这是一款步兵坦克。

"丘吉尔" Mk Ⅳ 型

尺　　寸：长 7.44 米，宽 2.43 米，高 3.45 米
重　　量：40624 千克
乘　　员：5 人
续航里程：144.8 千米
装甲厚度：16~102 毫米
武器配备：一门 QF 6 磅炮，一挺 7.62 毫米机枪
动力装置：一台百福德 2 组 6 缸汽油发动机，功率 350 马力
机动性能：最大公路速度 20 千米/小时，最大越野速度 12.8 千米/小时，涉水深 1.01 米，过垂直墙高 0.76 米，越壕宽 3.048 米
产　　地：英国

世界战车 World Fighting Vehicles

● "丘吉尔"重型坦克被英国投入北非战场使用,参与第二次阿拉曼战役、突尼斯战役等。在战场上曾有过"丘吉尔"重型坦克命中虎式重型坦克炮塔与炮塔环中间的位置,造成虎式重型坦克炮塔卡死,从而被英军俘获的战绩。

坦 克（二） 021

世界战车 World Fighting Vehicles

- "丘吉尔"重型坦克有着众多的衍生型号，从"丘吉尔"MkI 到"丘吉尔"MkX，同时还拥有众多变型车，比如喷火坦克、装甲架桥车，以及装甲回收车等，是"二战"期间英军的主要重型装甲作战力量。

坦 克（二） 023

M24"霞飞"轻型坦克

1942年，M3系列轻型坦克的37毫米火炮已不能满足美军的作战需求，因此美军迫切需求一款使用更大口径火炮的轻型坦克。为了满足作战需求，凯迪拉克公司设计了一款轻型坦克，这款轻型坦克可安装75毫米火炮。这款新型坦克在1943年制成，美军将这款坦克命名为"M24'霞飞'"，并于1944年服役。不过，由于M24"霞飞"轻型坦克参战较晚，因此未能给人们留下深刻的印象。当然，这款坦克机动灵活，火力不俗，为此后轻型坦克的发展提供了经验。

尺　　寸：	长5.56米，宽2.98米，高2.77米
重　　量：	18370千克
乘　　员：	5人
续航里程：	161千米
装甲厚度：	12~38毫米
武器配备：	一门75毫米火炮，两挺7.62毫米机枪，一挺12.7毫米炮塔机枪
动力装置：	两台凯迪拉克44T24 V-8型汽油发动机，每台功率110马力
机动性能：	最大公路速度56千米/小时，涉水深1.02米，过垂直墙高0.91米，越壕宽2.44米
产　　地：	美国

坦 克（二） 025

M26"潘兴"坦克

M26"潘兴"坦克（M26 Pershing）是美国在第二次世界大战末期投入使用的坦克，这款坦克于1945年被美军投入战场。诺曼底登陆后，美军发现M4"谢尔曼"中型坦克在对抗德军豹式中型坦克与虎式重型坦克时往往处于下风，因此M26"潘兴"坦克被加速制造与部署。在战场上，M26"潘兴"坦克在对战豹式中型坦克与虎式重型坦克时互有胜负，因此这款坦克的入役，标志着西线盟军的地面装甲力量对比德军不再处于下风。

坦　克（二）　　027

尺　　寸：	长 8.64 米（车体长 6.33 米），宽 3.51 米，高 2.78 米
重　　量：	41900 千克
乘　　员：	5 人
续航里程：	161 千米
装甲厚度：	50~114 毫米
武器配备：	一门 M3 90 毫米坦克炮，两挺 7.62 毫米机枪，一挺 12.7 毫米防空机枪
动力装置：	一台福特 GAF6002B V 型水冷 4 冲程 8 气缸汽油发动机，功率 500 马力
行驶速度：	最大公路速度 48 千米 / 小时
产　　地：	美国

IS-3 重型坦克

IS-3 重型坦克也称"约瑟夫·斯大林 3 型",是苏联在 1944 年开始设计的重型坦克型号,1945 年开始生产,第二次世界大战结束后的一段时间内仍然装备苏军装甲部队。IS-3 重型坦克首上装甲为箭镞型装甲,这种装甲由两块高度倾斜的装甲板组成,有着良好的抗弹性。总体而言,IS-3 重型坦克虽未能在"二战"中参加实战,但在冷战的初期仍被西方认为是一款难以被战胜的坦克。

尺　　寸:	长 9.85 米,宽 3.09 米,高 2.45 米
重　　量:	45700 千克
乘　　员:	4 人
续航里程:	185 千米
装甲厚度:	60~175 毫米
武器配备:	一门 122 毫米 D-25T 火炮,一或两挺 7.62 毫米机枪,一挺 12.7 毫米防空机枪
动力装置:	一台 V21S 柴油发动机,功率 520 马力
机动性能:	最大公路速度 37 千米/小时,最大越野速度 19 千米/小时,涉水深 1.3 米,过垂直墙高 1 米,越壕宽 2.5 米
产　　地:	苏联

坦 克（二） 029

030 世界战车 World Fighting Vehicles

● 总体来看，IS-3重型坦克的布局非常有"二战"时期苏联坦克的特点：发动机后置，炮塔前置，高度较低的车体与炮塔降低了坦克的受弹面积。同时，IS-3重型坦克的炮塔未沿用T-34/85及IS-2坦克的设计，而采用一种新型的半球形炮塔，在一定角度受弹时能增加"跳弹"的概率。

032 世界战车 World Fighting Vehicles

坦 克（二） 033

● 当时除苏军外，埃及、叙利亚、捷克斯洛伐克以及波兰等国家的武装力量也装备了IS-3重型坦克。

"百夫长"主战坦克

"百夫长"主战坦克（A41 Centurion）是英国在第二次世界大战末期设计的一款坦克型号，这款坦克被当作巡航坦克设计，但由于"二战"结束而未能进行实战。在当时英军的作战思想中，步兵坦克装甲厚重但机动性差，而巡航坦克装甲厚度一般但机动性良好，适合机动作战。虽然未能参加"二战"，但"百夫长"主战坦克在"二战"结束后仍然装备英军，在该坦克基础上后续开发出Mk1~Mk13等十几个坦克型号，服役年份横跨了大半个世纪。

坦 克（二） 035

尺　　寸：	长 9.8 米，宽 3.38 米，高 3.01 米
重　　量：	52000 千克
乘　　员：	4 人
续航里程：	205 千米
装甲厚度：	51~152 毫米
武器配备：	一门 QF 17 磅炮，或一门 QF 20 磅炮，或一门 105 毫米 L7 线膛炮；两挺 7.62 毫米机枪，一挺 12.7 毫米高射机枪
动力装置：	劳斯莱斯"流星"Mk IVB V 型 12 缸汽油发动机，功率 650 马力
机动性能：	最大公路速度 43 千米/小时，涉水深 1.45 米，过垂直墙高 0.91 米，越壕宽 3.352 米
产　　地：	英国

世界战车 World Fighting Vehicles

● 由于英国人普遍有饮茶的习惯，因此"百夫长"主战坦克的内部安装一部VBE No.1电热器（通俗意义上的电热水壶），为坦克乘员提供饮用水、食品加热服务。

坦 克（二） 037

AMX-13 轻型坦克

AMX-13 轻型坦克是法国在第二次世界大战结束后研制的一款轻型坦克，这款坦克于 1952 年开始量产，主要装备法国军队。AMX-13 轻型坦克主要作为侦察坦克使用，机动性良好。最大的特点是采用摇摆炮塔设计，并安装两台由 6 发"弹夹"组成的自动装弹机，能够在短时间内连续发射 12 发炮弹，以密集的火力完成反战车或火力覆盖的作战任务。当然，发射完毕后 AMX-13 轻型坦克通常需撤退至较为安全的区域，并从坦克外部重新装填弹药。

尺　　寸：	长 6.36 米，宽 2.51 米，高 2.35 米
重　　量：	14500 千克
乘　　员：	3 人
续航里程：	400 千米
装甲厚度：	10~40 毫米
武器配备：	一门 75 毫米火炮，或一门 90 毫米火炮，或一门 105 毫米火炮；两挺 7.62 毫米机枪，或 7.5 毫米机枪；4 具烟雾发射器
动力装置：	一台 SOFAM Model 8Gxb 8-cyl. 水冷汽油发动机，功率 250 马力
机动性能：	最大公路速度 60 千米 / 小时，涉水深 0.6 米，过垂直墙高 0.65 米（向前）、0.45 米（向后）；越壕宽 1.6 米
产　　地：	法国

坦 克（二） 039

M51"超级谢尔曼"中型坦克

M51"超级谢尔曼"中型坦克是以色列在M4A1"谢尔曼"中型坦克的基础上改装的一款坦克型号,这款坦克的改进以法国进口的105毫米CN-105-57坦克炮为核心展开。1965年,M51"超级谢尔曼"中型坦克被首次公开。这款坦克可以看作是M4"谢尔曼"系列坦克的105毫米火炮版本,车体为一辆装有HVSS悬挂系统的M4A1"谢尔曼"中型坦克底盘,炮塔为M4"谢尔曼"系列的M4(76)炮塔,"(76)"表明这种炮塔在此前安装76毫米坦克炮。

尺　　寸：	长6.15米,宽2.42米,高2.24米
重　　量：	35000千克
乘　　员：	4人
续航里程：	400千米
装甲厚度：	15~70毫米
武器配备：	一门105毫米火炮,两挺7.62毫米机枪,一挺12.7毫米机枪
动力装置：	一台康明斯V-8柴油发动机,功率460马力
行驶速度：	40~45千米/小时
产　　地：	以色列

坦　克（二） **041**

042 世界战车 World Fighting Vehicles

● 以色列军队装备 M51"超级谢尔曼"中型坦克以前，使用由 M4"谢尔曼"系列坦克改装的 M50 中型坦克。M50 中型坦克使用法国制造的 75 毫米 CN-75-50 坦克炮作为主要武器，在与其周边国家的冲突中，以色列军队发现这种 75 毫米火炮难以击穿 T-55 主战坦克与 T-62 主战坦克的装甲，因此不得不对该系列坦克进行升级。

世界战车 World Fighting Vehicles

● 在1967年爆发的第三次中东战争中,以色列将M51"超级谢尔曼"中型坦克投入使用。在战斗中,105毫米CN-105-57坦克炮所发射的高爆反坦克破甲弹(HEAT,high-explosive anti-tank),能够击穿T-54/55主战坦克与T-62主战坦克的装甲。尽管如此,M51"超级谢尔曼"中型坦克仍旧是老"谢尔曼"的超期服役型号,因此在20世纪80年代逐渐从以色列军队中退役。

坦 克（二） 045

主战坦克的代数划分

  主战坦克诞生后，各国国防及军事力量通常使用"代"对主战坦克进行分类，值得注意的是，这种代数分类并非约定俗成，各国通常有各国的标准，因此尚无绝对标准的定义。本书将采用国际使用最为普遍的三代分类法进行介绍。

  第一代主战坦克的特点为由第二次世界大战时期的中型坦克发展而来，比如苏联 T-54 主战坦克、T-55 主战坦克，美国 M48"巴顿"主战坦克，法国 AMX-50 主战坦克，以及英国"百夫长"主战坦克，等。

  第二代主战坦克主要增强了防核生化能力与夜战能力，比较具有代表性的苏联 T-62 主战坦克、T-64 主战坦克，美国 M60"巴顿"主战坦克，联邦德国豹 1 主战坦克，法国 AMX 30 主战坦克，英国"酋长"主战坦克，等。

  第三代主战坦克装有先进的火控系统与复合装甲，火炮多为滑膛炮，具有代表性的有美国 M1 艾布拉姆斯主战坦克、苏联 T-80 主战坦克、俄罗斯 T-90 主战坦克、法国勒克莱尔主战坦克、联邦德国豹 2 主战坦克，等。

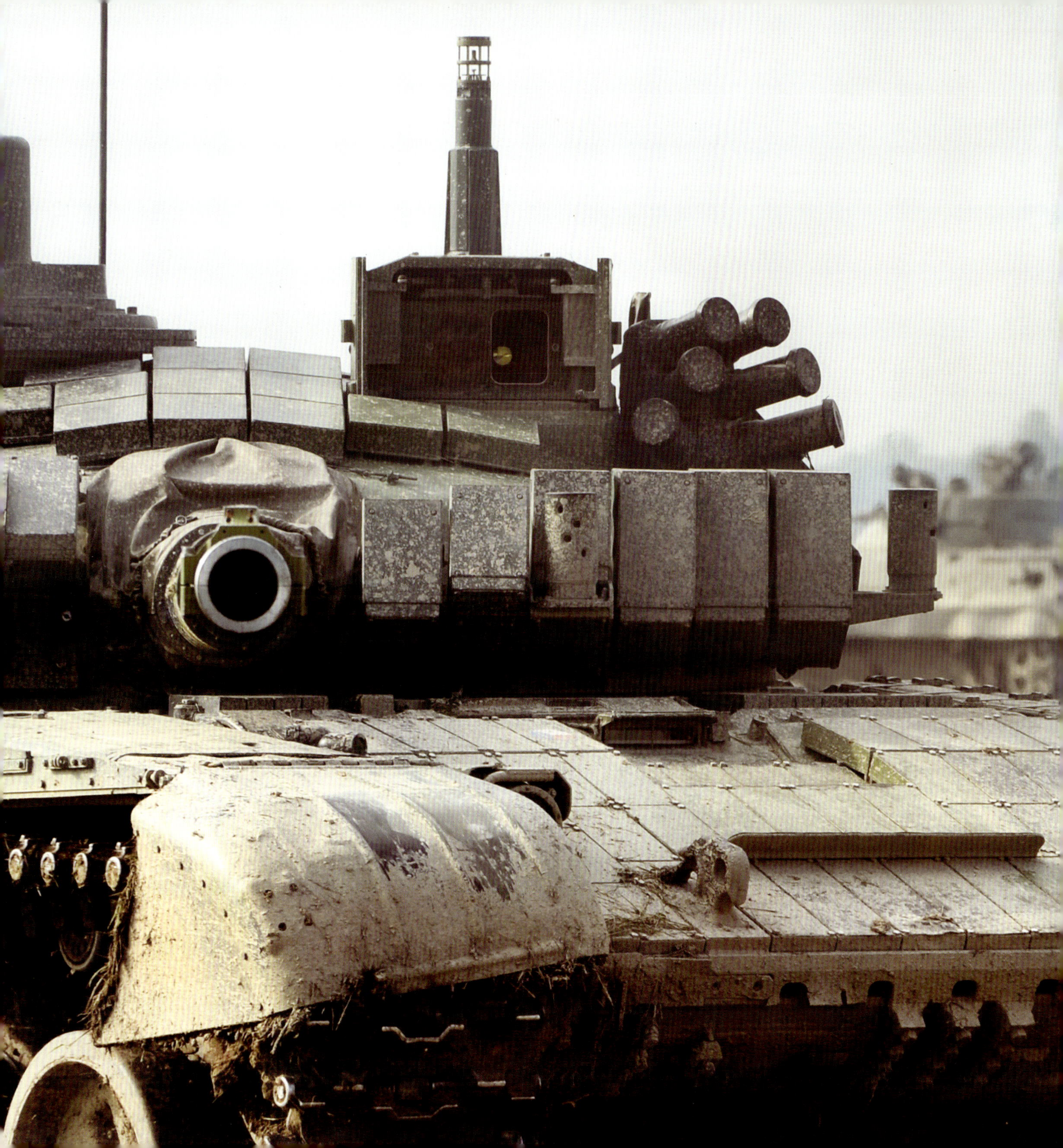

T-54 主战坦克

T-54 主战坦克是苏联在第二次世界大战后期开始研制的一款主战坦克型号,第一个量产型于1947年制成。T-54 主战坦克的第一个量产型被称为"T-54 主战坦克1947年型"或"T-54-1"。该型号坦克搭载一门100毫米 D-10 坦克炮,最大的特点为其炮塔造型别具一格,类似一个形状不规则的"飞碟"。1949年,苏联推出了T-54 主战坦克的第二个量产型——T-54-2,T-54-2 主战坦克采用类似 IS-3 重型坦克的半球形炮塔,炮塔后部有一个明显突出,外形特征较为明显。

坦 克（二） 049

尺　　寸：	长 9 米，宽 3.27 米，高 2.4 米
重　　量：	35900 千克
乘　　员：	4 人
续航里程：	400 千米
装甲厚度：	20~200 毫米
武器配备：	一门 100 毫米坦克炮，两挺 7.62 毫米机枪（一挺并列机枪，一挺车体前部机枪），一挺 12.7 毫米高射机枪
动力装置：	一台 V-54 8 缸柴油发动机，功率 520 马力
机动性能：	最大公路速度 48 千米/小时，涉水深 1.4 米，过垂直墙高 0.8 米，越壕宽 2.7 米
产　　地：	苏联

世界战车 World Fighting Vehicles

- 20世纪50年代后，苏联继续对T-54系列主战坦克进行改进，T-54A主战坦克就此诞生。从外观上来看T-54A主战坦克的炮塔采用半球形设计，炮塔后部已无"凸出"。同时，T-54A主战坦克装有TSh-2A-22观瞄镜、红外潜望镜、新型的R-113电台，还加装了潜渡使用的通气装置，后期生产的坦克增设了排烟器，使得后舱内在坦克火炮射击后不至于"烟雾缭绕"。

- 到了1957年，苏联成功在T-54A主战坦克的基础上研制了T-54B主战坦克，T-54B主战坦克配有TPN-1-22-11型炮长红外装置以及红外探照灯，在当时是主战坦克中的"佼佼者"。

坦　克（二） **051**

M48"巴顿"坦克

M48"巴顿"坦克是美国通过M47"巴顿"坦克改进而来的坦克型号,量产于20世纪50年代初,主要替换美军装备的M47"巴顿"坦克以及"二战"中装备的M26"潘兴"坦克与M4"谢尔曼"系列中型坦克。早期的M48"巴顿"坦克存在着一些可靠性差的问题,但在后续的生产中得到逐渐改进。同时,M48"巴顿"坦克维护较为容易,比如发动机与变速箱可以整体吊装,更换非常方便。

坦 克（二） 053

尺　　寸：	长 9.3 米，宽 3.65 米，高 3.08 米
重　　量：	49600 千克
乘　　员：	4 人
续航里程：	463 千米
装甲厚度：	12.7~120 毫米
武器配备：	一门 90 毫米 M41 坦克炮，或一门 105 毫米 M68 坦克炮；一挺 7.62 毫米并列机枪，一挺 12.7 毫米重机枪
动力装置：	一台大陆 AVSI-1790-6 风冷双涡轮 V 型 12 缸汽油发动机，功率 810 马力；或一台大陆 AVDS-1790-2 气冷双涡轮 12 缸柴油发动机，功率 750 马力
机动性能：	最大公路速度 48.2 千米/小时，涉水深 1.21 米，越壕宽 2.59 米
产　　地：	美国

054 世界战车 World Fighting Vehicles

坦 克（二）

M47"巴顿"坦克

- M48"巴顿"坦克在越南战争中被美军广泛使用。美军撤离越南后，这款坦克也被越南军队装备了一段时间。此外，M48"巴顿"坦克也被中东地区进行使用，变型车有喷火坦克、抢修车等。

T-54 主战坦克

- 尺　　寸：长 9 米, 宽 3.27 米, 高 2.4 米
- 重　　量：359000 千克
- 乘　　员：4 人
- 续航里程：400 千米
- 装甲厚度：20~200 毫米
- 武器配备：一门 100 毫米坦克炮, 两挺 7.62 毫米机枪（一挺并列机枪, 一挺车体前部机枪）, 一挺 12.7 毫米高射机枪
- 动力装置：一台 V-54 8 缸柴油发动机, 功率 520 马力
- 机动性能：最大公路速度 48 千米 / 小时, 涉水深 1.4 米, 过垂直墙高 0.8 米, 越壕宽 2.7 米
- 产　　地：苏联

M48 "巴顿" 坦克

- 尺　　寸：长 9.3 米, 宽 3.65 米, 高 3.08 米
- 重　　量：49600 千克
- 乘　　员：4 人
- 续航里程：463 千米
- 装甲厚度：12.7~120 毫米
- 武器配备：一门 90 毫米 M41 坦克炮, 或一门 105 毫米 M68 坦克炮；一挺 7.62 毫米并列机枪, 一挺 12.7 毫米重机枪
- 动力装置：一台大陆 AVSI-1790-6 风冷双涡轮 V 型 12 缸汽油发动机, 功率 810 马力；或一台大陆 AVDS-1790-2 气冷双涡轮 12 缸柴油发动机, 功率 750 马力
- 行驶速度：最大公路速度 48.2 千米 / 小时, 涉水深 1.21 米, 越壕宽 2.59 米
- 产　　地：美国

坦 克（二）

越南战争中，苏联坦克与美国坦克在越南的丛林中进行了交锋，其交锋的"主角"便是T-54主战坦克与M48"巴顿"坦克。在交锋中，T-54主战坦克与M48"巴顿"坦克通常互有胜负，整体性能来看基本处于同一水平。

虽然在战场上基本处于同一水平，但M48"巴顿"坦克的维护较T-54主战坦克而言更为容易，对于后勤人员而言更为"友好"。

T-55 主战坦克

T-55 主战坦克是苏联在 T-54 主战坦克的基础上研发的主战坦克型号，这款坦克的外形与 T-54B 主战坦克基本相同，主要改进方向为防核生化，让坦克乘员能够在核爆中心的数百米处存活，这种核生化防护装置能够让坦克乘员免受核爆产生的高压气体与辐射尘埃的危害。T-55 主战坦克于 1958 年进行量产，同年进入苏军服役。

坦 克（二）

尺　　寸：	长 9 米，宽 3.15 米，高 2.4 米
重　　量：	36000 千克
乘　　员：	4 人
装甲厚度：	20~200 毫米
武器配置：	一门 100 毫米线膛坦克炮，一挺 7.62 毫米并列枪机，一挺 12.7 毫米高射机枪
动力装置：	一台 V-5512 缸柴油发动机，功率 581 马力
机动性能：	最大公路速度 60 千米/小时，最大越野速度 50 千米/小时，涉水深 1.4 米，过垂直墙高 0.8 米，越壕宽 2.7 米
产　　地：	苏联

世界战车 World Fighting Vehicles

坦 克（二）

● 在 T-55 主战坦克的后续型号中，苏联对三防系统继续进行改进。比如 T-55A 主战坦克的三防装置能够让乘员免受中子辐射的伤害，同时将同轴机枪由 SG-43 机枪更换为 PK 机枪，依旧发射 7.62 毫米 ×54 毫米全威力步枪弹。

T-55 主战坦克局部剖面图

062 世界战车 World Fighting Vehicles

坦 克（二）

- 在 T-55 主战坦克的生产技术逐渐成熟后，苏联用这些技术对 T-54 主战坦克进行升级改装，升级改装后的型号被称为 T-54/55 主战坦克。

M60 主战坦克

M60 主战坦克是美国在 20 世纪 50 年代研制的一款坦克型号，这款坦克沿用 M48 "巴顿"坦克的绰号，于 1962 年进入美军服役。M60 主战坦克是一款应对苏联 T-54 主战坦克和 T-55 主战坦克的装甲优势而发展出的坦克。为了能够对抗苏联坦克，M60 主战坦克安装了一门 105 毫米坦克炮，同时使用柴油发动机取代使用已久的汽油发动机。

坦　克（二） 065

尺　　寸：	长 9.31 米，宽 3.6 米，高 3.21 米
重　　量：	46000 千克
乘　　员：	4 人
续航里程：	500 千米
装甲厚度：	64~110 毫米
武器配置：	一门 105 毫米坦克炮；一挺 7.62 毫米同轴机枪，一挺 12.7 毫米重机枪
动力装置：	一台大陆 AVDS-1790-2 双涡流涡轮增压气冷式 12 缸柴油发动机，功率 750 马力
行驶速度：	最大公路速度 48 千米 / 小时，最大越野速度 19 千米 / 小时
产　　地：	美国

世界战车 World Fighting Vehicles

● M60主战坦克于20世纪60年代装备美军装甲作战单位，到80年代美军逐步换装M1"艾布拉姆斯"主战坦克后逐步退役。有趣的是，由于M1"艾布拉姆斯"主战坦克优先装备美国陆军，因此在1991年的海湾战争中美国海军陆战队仍在使用M60A1主战坦克。

坦 克（二）

068 世界战车 World Fighting Vehicles

坦 克（二）

● 除美军装备外，M60主战坦克也被出售给多个国家，比如希腊、巴西、埃及、伊朗、沙特阿拉伯、西班牙、泰国等国家。

T-62 主战坦克

T-62 主战坦克是苏联在 T-55 主战坦克的基础上发展而成的主战坦克型号，这款坦克于 1961 年开始量产，但由于生产成本较高，因此一直未替代 T-55 主战坦克。T-62 主战坦克开创性地使用滑膛炮作为坦克主炮（滑膛炮即火炮炮管内部没有膛线，与这种火炮对应的是线膛炮）。T-62 主战坦克装备有红外线夜视仪、炮塔通风系统、三防装置等，整体性能优秀。

坦 克（二）

尺　　寸：	长 9.34 米，宽 3.3 米，高 2.4 米
重　　量：	39912 千克
乘　　员：	4 人
续航里程：	650 千米
装甲厚度：	20~214 毫米
武器配置：	一门 115 毫米滑膛炮，一挺 7.62 毫米并列机枪
动力装置：	一台 V-55 12 缸水冷柴油发动机，功率 580 马力
机动性能：	最大公路速度 50 千米 / 小时，涉水深 1.4 米，过垂直墙高 0.8 米，越壕宽 2.7 米
产　　地：	苏联

072 世界战车 World Fighting Vehicles

坦 克（二）

- 作为T-62主战坦克的升级型号，T-62M主战坦克可安装附加装甲，并换用1K13-1瞄准镜，加装激光测距仪与弹道计算机。同时，T-62M主战坦克的火炮可发射炮射导弹，与传统炮弹相比有着更高的命中率。

豹 1 主战坦克

豹 1 主战坦克是联邦德国在 20 世纪 60 年代研制的一款主战坦克型号，1965 年量产，这款坦克是联邦德国在"二战"后研制并量产的第一款坦克，整体性能优秀。豹 1 主战坦克装有激光测距仪，可协助炮手进行精确射击（炮弹飞行的轨迹为抛物线，并非直线）。

坦 克（二） 075

- 尺　　寸：长 9.54 米，宽 3.25 米，高 2.61 米
- 重　　量：42500 千克
- 乘　　员：4 人
- 续航里程：600 千米
- 装甲厚度：10~70 毫米
- 武器配置：一门 105 毫米线膛炮，两挺 7.62 毫米 MG3 机枪，四具烟雾弹发射器
- 动力装置：一台 MTU 10 缸柴油发动机，功率 830 马力
- 机动性能：最大公路速度 65 千米/小时，涉水深 2.25 米，过垂直墙高 1.15 米，越壕宽 3 米
- 产　　地：德国

076 世界战车 World Fighting Vehicles

坦 克（二）

● 豹1主战坦克的车体正面装甲为30度倾斜角的倾斜式装甲，装甲厚度70毫米（等效厚度140毫米）。与同时期苏联坦克相比，火力与装甲并不占优势。

世界战车 World Fighting Vehicles

坦 克（二） 079

● 除联邦德国外，豹1主战坦克还被出口至多个国家，比如比利时、巴西、澳大利亚、加拿大、挪威、希腊等十余个国家。同时一些国家采购并获取自行生产的权利，如意大利。

T-62 主战坦克

尺　　寸：	长 9.34 米，宽 3.3 米，高 2.4 米
重　　量：	39912 千克
乘　　员：	4 人
续航里程：	650 千米
装甲厚度：	20~214 毫米
武器配备：	一门 115 毫米滑膛炮，一挺 7.62 毫米并列机枪
动力装置：	一台 V-55 12 缸水冷柴油发动机，功率 580 马力
机动性能：	最大公路速度 50 千米/小时，涉水深 1.4 米，过垂直墙高 0.8 米，越壕宽 2.7 米
产　　地：	苏联

豹 1 主战坦克

尺　　寸：	长 9.54 米，宽 3.25 米，高 2.61 米
重　　量：	42500 千克
乘　　员：	4 人
续航里程：	600 千米
装甲厚度：	10~70 毫米
武器配备：	一门 105 毫米线膛炮，两挺 7.62 毫米 MG3 机枪，四具烟雾弹发射器
动力装置：	一台 MTU 10 缸柴油发动机，功率 830 马力
机动性能：	最大公路速度 65 千米/小时，涉水深 2.25 米，过垂直墙高 1.15 米，越壕宽 3 米
产　　地：	德国

坦 克（二）

从纸面数据来看，T-62主战坦克的主炮为115毫米滑膛炮，豹1主战坦克的主炮为105毫米线膛炮。防护性方面，T-62主战坦克的装甲为15~242毫米，豹1主战坦克的装甲为10~70毫米。

火力与装甲虽弱于T-62主战坦克，但豹1主战坦克的机动性要强于前者。由于综合性能较为均衡，豹1主战坦克的升级型号至今仍有国家在使用。

T-64 主战坦克

T-64 主战坦克是苏联在 20 世纪 60 年代设计的一款主战坦克型号，这款坦克的设计工作由位于乌克兰哈尔科夫的哈尔科夫运输机械制造厂莫洛佐夫机械设计局完成。T-64 主战坦克开创性地使用了自动装弹机技术，这一技术影响了此后苏联与其他多个国家坦克的自动装弹系统设计。T-64 主战坦克虽然因生产成本制约，总产量仅有 8000 辆左右，但这款坦克性能出色，火力优秀，在 20 世纪 60 年代无疑是主战坦克中的佼佼者。

坦 克（二）

尺　　寸：	长 9.22 米，宽 3.41 米，高 2.17 米
重　　量：	38000 千克
乘　　员：	3 人
续航里程：	500 千米
装甲厚度：	20~450 毫米复合装甲
武器配置：	一门 125 毫米滑膛坦克炮，一挺 7.62 毫米并列机枪，一挺 12.7 毫米防空机枪
动力装置：	一台 5DTF 2 冲程对置活塞柴油发动机，功率 700 马力
机动性能：	最大公路速度 60.5 千米 / 小时，涉水深 1.4 米，潜渡深 5.5 米（需安装换气装置），过垂直墙高 0.8 米，越壕宽 2.72 米
产　　地：	苏联

T-62 主战坦克
长 9.34 米
宽 3.3 米
高 2.4 米

T-72 主战坦克
长 9.24 米
宽 3.6 米
高 2.37 米

本书选择 8 款经典坦克与剪影士兵（剪影士兵按实际士兵身高 1.80 米左右设定）进行大小对比，展示坦克与坦克、坦克与士兵之间的大小关系，仅供参考阅读。

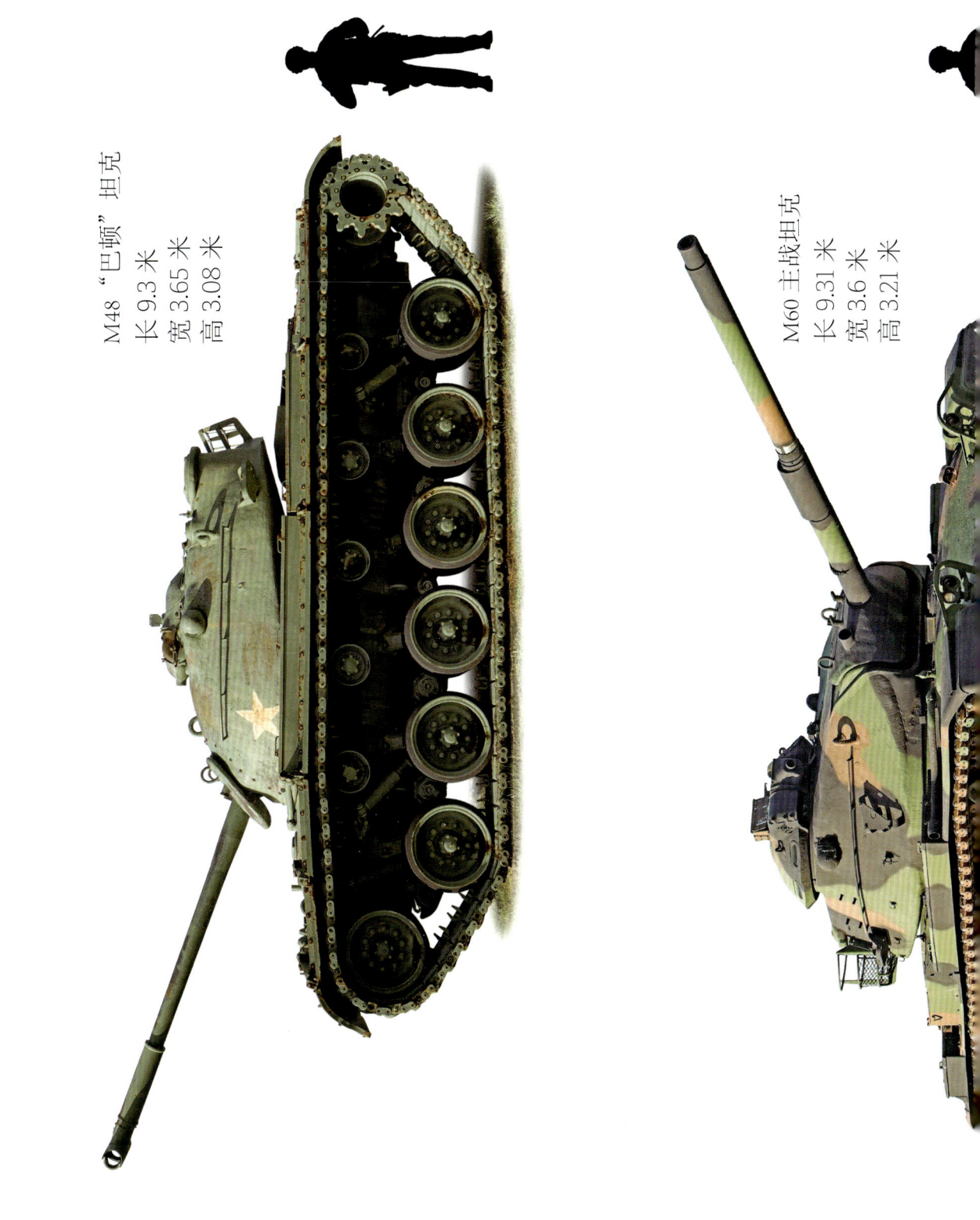

M48"巴顿"坦克
长 9.3 米
宽 3.65 米
高 3.08 米

M60 主战坦克
长 9.31 米
宽 3.6 米
高 3.21 米

现代坦克的困境与未来坦克的可能发展方向

近年来，东欧和中东地区爆发了多起激烈的武装冲突。在这些冲突中，主战坦克未能再现以往的战场优势，反而频繁遭受小型无人机和单兵反坦克武器的有效打击。例如，俄制和北约的主战坦克被无人机攻顶击毁，以色列的梅卡瓦坦克也不敌改进型的"亚辛"-105火箭弹。这种不对等的战场现象，其中高昂的坦克生产成本与低廉的反坦克武器成本形成鲜明对比，引发了对坦克未来适用性和生存力的深刻质疑。

坦克自诞生之日起就担负着火力打击和战场支援的双重任务。在二战中，德军的闪击战术和苏军的大纵深装甲突击战略战术充分展示了坦克的战术价值。这些战术依赖于坦克的强大火力和机动性，以击败敌军。然而，这些传统战术在现代战争中面临挑战，特别是在高度机械化和信息化的战场环境下。

1991年海湾战争标志着信息化战争的开端，制空权、电子战和信息优势成为战场胜利的关键。随着战场的信息化和立体化，坦克的传统作用受到限制，因为它们在集结和突击阶段容易遭受远程火力和精确制导的致命打击。

近年来，无人机的广泛使用更是加剧了坦克的困境。在东欧和中东的冲突中，坦克往往被迫"化整为零"，避免成为敌方火力的集中目标。尽管在一些特定情况下，如城市战斗中，坦克仍能提供有效的步兵支援，但其损失惨重往往与缺乏有效的步坦协同作战和反无人机能力有关。

在坦克逐渐失去其传统优势的同时，一些国家已开始减缓新型坦克的研发，转而升级现有坦克以适应现代战场的需求。未来的坦克可能会朝向无人化、智能化和自动化方向发展。例如，无人坦克可以减少战场上的人员伤亡，降低操作和维护成本，而且在不需要内部乘员的情况下，还能进一步降低生产成本。这种智能化武器的发展将依赖于各国在信息化和网络

世界战车 World Fighting Vehicles

- 20 世纪 90 年代后，俄罗斯与乌克兰拥有大部分 T-64 主战坦克，乌克兰持续对这款坦克进行升级，并在乌克兰军队进行服役。在第一次车臣战争和东欧部分地区的武装冲突中，T-64 主战坦克都被开上战场，参与主要战斗。

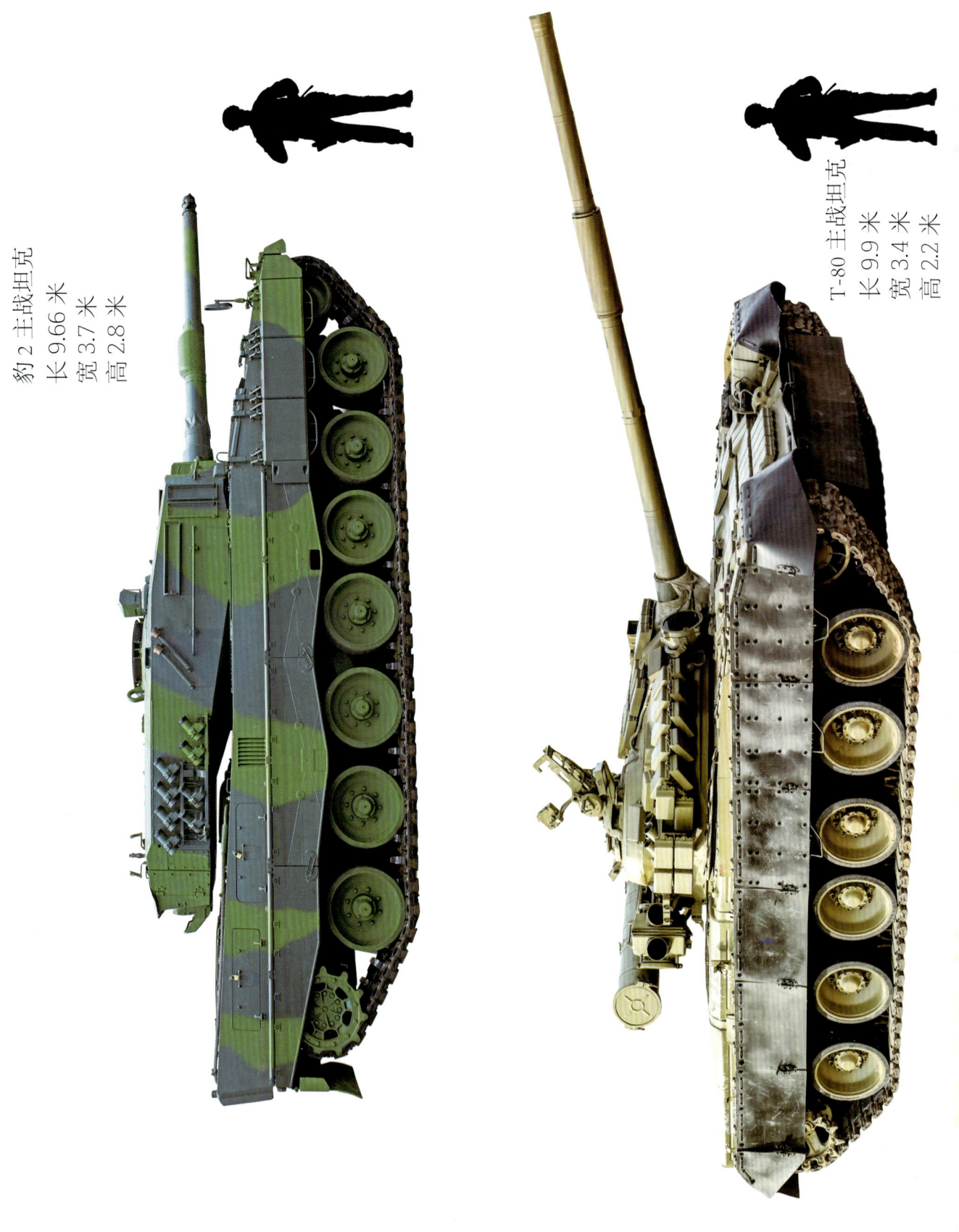

豹2主战坦克
长 9.66 米
宽 3.7 米
高 2.8 米

T-80 主战坦克
长 9.9 米
宽 3.4 米
高 2.2 米

M1 "艾布拉姆斯" 主战坦克
长 9.77 米
宽 3.66 米
高 2.88 米

T-90 主战坦克
长 9.53 米
宽 3.78 米
高 2.22 米

战方面的进步。

总之,传统的坦克在现代战争中面临众多挑战,它们的发展方向和战术应用需要进行重大调整。未来的坦克将更加依赖信息技术,以适应高度动态和不可预测的战场环境。毫无疑问,掌握制信息权的一方将能够在未来战场上占据主动权。这种战术转变强调了对敌方的监控、定位和打击能力的整合,使得坦克不仅仅是一个单纯的火力平台,更将成为一个信息化战场上的关键节点。

坦克未来的设计可能将集成更先进的传感器、通信系统和自动化控制系统。这些技术将使坦克能够执行更复杂的任务,如实时数据分析和战场监控,同时能够与无人机、卫星和其他军事资源进行无缝协作。这种多层次的网络化战斗系统将极大地提高坦克的战术灵活性和生存能力。

除了技术升级,坦克的战术部署也需要适应现代战争的多变性。在城市战斗或山地战等复杂环境中,坦克的传统优势可能会减弱。因此,未来的坦克部署将更加依赖于与步兵、无人机和其他支援系统的合作。这种整合不仅提高了坦克的战场适应性,也增强了其对多种威胁的应对能力。

同时,坦克在反无人机和网络防御方面的能力也将成为重要的设计考量。随着无人机和网络攻击手段的普及,增强坦克的电子战能力和抗干扰能力将是未来发展的关键。这包括安装有效的电子对抗系统来保护坦克免受敌方电子干扰和网络攻击,以及增强其对空防御能力,以对抗低成本的无人机威胁。

总体而言,坦克作为一种传统的重型兵器,在现代快速演变的战争环境中,面临许多挑战。未来的坦克不仅将是战场上的火力支柱,更将成为高度自动化和信息化的战术单元,能够在复杂多变的现代战争中发挥关键作用。

坦 克（二） **091**

T-72 主战坦克

T-72主战坦克是苏联在1967年开始研制的主战坦克型号,样车"172M"于1971年至1973年在苏联多地进行试验,试验结果表明这款坦克的可靠性优于T-64主战坦克。1973年,T-72主战坦克量产,次年,这款坦克开始装备苏军。T-72主战坦克也是一款装有自动装弹机的主战坦克,这款坦克安装的125毫米滑膛炮能够发射尾翼稳定脱壳穿甲弹、炮射导弹,以及常规的破甲弹等。T-72主战坦克整体机械结构简单、生产成本较低,适合大规模生产与装备。

尺　　寸:	长9.24米,宽3.6米,高2.37米
重　　量:	45700千克
乘　　员:	3人
续航里程:	460千米,加挂副油箱可增至700千米
装甲类型:	复合装甲
武器配置:	一门125毫米滑膛炮,一挺7.62毫米并列机枪,一挺12.7毫米高射机枪
动力装置:	一台V-46 V型12缸柴油发动机,功率780马力
机动性能:	最大公路速度60千米/小时,最大越野速度35~45千米/小时,涉水深1.2米,潜渡深5米,过垂直墙高0.8米,越壕宽2.7米
产　　地:	苏联

坦 克（二） 093

094 世界战车 World Fighting Vehicles

坦 克（二）

● T-72主战坦克具有几十种衍生型号，俄军所装备的T-90主战坦克也是通过T-72主战坦克的车体发展而来。同时，许多地区的冲突或战争中都有T-72主战坦克的"身影"，比如第五次中东战争、两伊战争、海湾战争、车臣战争，以及东欧地区的武装冲突等。

"酋长"主战坦克

"酋长"主战坦克也称为"奇伏坦主战坦克",是英国在1958年至1961年研制的一款主战坦克型号,1963年定型,1965年开始装备英军。"酋长"主战坦克的第一个量产型号为"酋长"Mk1,之后又推出了"酋长"Mk2、"酋长"Mk3、"酋长"Mk4、"酋长"Mk5等升级型,并活跃于20世纪60年代至90年代。

"酋长" Mk 5 型

- **尺　　寸**：长 10.79 米, 宽 3.50 米, 高 2.89 米
- **重　　量**：55000 千克
- **乘　　员**：4 人
- **续航里程**：400~500 千米 (公路), 200~300 千米 (越野)
- **装甲厚度**：最厚处 195 毫米
- **武器配置**：一门 120 毫米线膛炮，一挺 7.62 毫米并列机枪，一挺 7.62 毫米高射机枪，2 组 ×6 具烟雾弹发射器
- **动力装置**：一台 L608 MK8A 2 冲程压燃式对置活塞多种燃料发动机，功率 720 马力
- **机动性能**：最大公路速度 48 千米/小时，涉水深 1.06 米，潜渡深 4.6 米，过垂直墙高 0.91 米，越壕宽 3.14 米
- **产　　地**：英国

世界战车 World Fighting Vehicles

● 在20世纪60年代中期,以色列提出过向英国采购"酋长"主战坦克的需求,但英国因阿拉伯国家的压力而放弃向以色列出售这款坦克。

坦 克（二）　099

豹 2 主战坦克

豹 2 主战坦克的技术源自 20 世纪 60 年代美国与联邦德国的 MBT-70/KPZ70 计划，第一个量产型号被称为"豹 2A0"，于 1979 年 10 月开始生产，产量为 380 辆。此后根据需求又进行了豹 2A1、豹 2A2、豹 2A3、豹 2A4 的改进。其中，豹 2A4 主战坦克产量最大，于 1985 年开始量产，到了 1992 年共生产 1800 余辆。豹 2A4 主战坦克的外观特点为炮塔前装甲采用垂直装甲设计，整体看起来"方头方脑"。

坦 克（二）

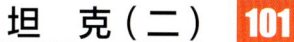

尺　　寸：长 9.66 米，宽 3.7 米，高 2.8 米
重　　量：62300 千克
乘　　员：4 人
续航里程：550 千米
装甲类型：复合装甲
武器配置：一门 120 毫米滑膛炮，一挺 7.62 毫米并列机枪，一挺 7.62 毫米高射机枪，八具烟雾弹发射器
动力装置：一台 MUT 12 缸多种燃料发动机，功率 1500 马力
机动性能：最大公路速度 72 千米 / 小时，涉水深 1 米，过垂直墙高 1.1 米，越壕宽 3 米
产　　地：德国

102 世界战车 World Fighting Vehicles

坦 克（二） **103**

● 一些游戏作品的坦克以豹 2A4 主战坦克为原型进行设计。

104 世界战车 World Fighting Vehicles

坦 克（二）

- 从豹2A5主战坦克开始，豹2系列坦克的炮塔发生了明显的变化，从垂直装甲变成了楔形装甲。这是由于豹2A5主战坦克的炮塔正前方加装有一个楔形附加装甲（并非换了炮塔），豹2A6主战坦克也沿用这一楔形附加装甲。目前，豹2"家族"已发展至豹2A7与豹2A8。

T-80 主战坦克

T-80主战坦克是苏联在1967年至1975年研制的一款主战坦克型号,这款主战坦克在T-64主战坦克的基础上发展而来,使用与T-64主战坦克相同的液压电动自动装弹机,这种自动装弹机比T-72主战坦克的自动装弹机装弹速度更快,因此理论射速也更高。同时,T-80主战坦克的火炮带有双向稳定器,具有良好的射击精度。除此之外,在面对来袭的反坦克导弹时,T-80主战坦克的干扰弹发射器能够发射干扰弹,以降低导弹的命中率。

坦 克（二）

尺　　寸：	长 9.9 米, 宽 3.4 米, 高 2.2 米
重　　量：	48363 千克
乘　　员：	3 人
续航里程：	450 千米
装甲厚度：	40~250 毫米，装甲种类为复合装甲、反应装甲
武器配置：	一门 125 毫米滑膛炮，一挺 7.62 毫米并列机枪，一挺 12.7 毫米高射机枪
动力装置：	一台 GTD-1000/1250 燃气涡轮机，功率 1000 马力
机动性能：	最大公路速度 70 千米 / 小时，潜渡深 5 米，过垂直墙高 1 米，越壕宽 2.85 米
产　　地：	苏联

世界战车 World Fighting Vehicles

● 20 世纪 90 年代前，苏军共装备 4839 辆 T-80 主战坦克；到了 20 世纪 90 年代后期，苏军装备的 T-80 主战坦克分散在东欧许多国家。而 T-80 主战坦克第一次参与实战则是第一次车臣战争，而在近年间东欧地区的武装冲突中，T-80 主战坦克也被投入使用。

坦　克（二）

M1"艾布拉姆斯"主战坦克

M1"艾布拉姆斯"主战坦克（M1 Abrams）是美国在20世纪70年代后期研制的一款主战坦克型号，这款主战坦克主要替换美军装备的M60系列主战坦克，作为美军地面部队的装甲突击力量使用。M1"艾布拉姆斯"主战坦克于1980年进入美军服役，其升级型在今天仍是一款先进的主战坦克。M1"艾布拉姆斯"主战坦克的主要型号有M1、M1A1以及M1A2等，它们至今仍"活跃"在战场上。

尺　　寸：	长9.77米，宽3.66米，高2.88米
重　　量：	54000千克（M1）， 57000千克（M1A1）， 64600千克（M1A2）
乘　　员：	4人
续航里程：	500千米（M1）， 463千米（M1A1）， 426千米（M1A2）
装甲类型：	复合装甲、贫铀装甲
武器配置：	一门105毫米52倍径M68A1线膛炮（M1）， 一门120毫米44倍径M256A1滑膛炮（M1A1、M1A2）， 两挺7.62毫米M240机枪，一挺12.7毫米M2重机枪
动力装置：	霍尼韦尔AGT-1500燃气涡轮发动机，功率1500马力
行驶速度：	最大公路速度72千米/小时，最大越野速度48千米/小时（M1A1）； 最大公路速度67千米/小时，最大越野速度40千米/小时（M1A2）
产　　地：	美国

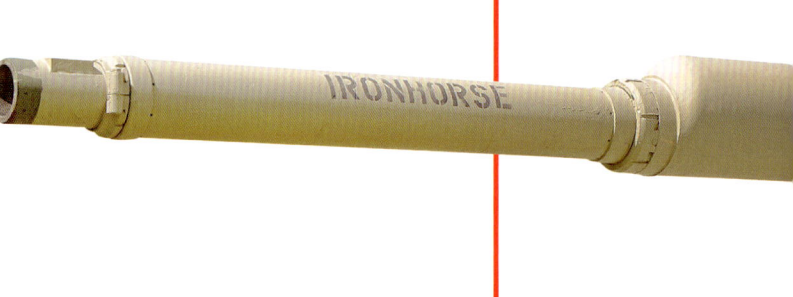

坦 克（二）

世界战车 World Fighting Vehicles

- 对于坦克而言，最大的毁灭性打击为弹药殉爆，因此为防止弹药殉爆而造成人员伤亡，M1"艾布拉姆斯"主战坦克设有弹药隔舱，在弹药发生殉爆时能够为车组成员争取几秒的逃生时间。当然，弹药隔舱的设计也使得M1"艾布拉姆斯"主战坦克的主炮无法使用自动装弹机进行供弹，只能通过人力进行装填，因此主炮射击速度会受到装填手体力的影响。

坦 克（二）

- M1"艾布拉姆斯"主战坦克的车组成员面对弹药殉爆有着更高的逃生概率，但为了增强火力与装甲，M1"艾布拉姆斯"主战坦克被造得越来越大，这无疑增加了受弹面积，在面对现代小型无人机的打击时，弹药舱十分容易遭到来自顶部的打击。而俄制坦克安装自动装弹机后炮弹围绕炮塔摆放（如T-72系列坦克），使得俄制坦克在被击穿后容易殉爆，车组人员逃生概率与M1"艾布拉姆斯"主战坦克相比会降低，但少了装填手又能够让俄制坦克在增强装甲与火力的同时保证坦克的机动性，射击效率也更高，有着更好的打击能力。

- 无论是美制坦克还是俄制坦克的设计，或许都不是未来坦克的最终出路。面对日益普遍的无人机与小型化的反坦克武器，要保证坦克的作战性能、与步兵的协同性以及坦克车组成员的生命安全，似乎就只有高度信息化、智能化、自动化的无人驾驶坦克能够担此重任。

世界战车 World Fighting Vehicles

- 2020年，美国海军陆战队因"转型"专注于两栖作战而将所装备的450辆M1A1主战坦克移交至陆军，撤装工作在2021年5月完成，因此如今的美国海军陆战队并没有装备主战坦克。

坦 克（二）

- 除美国外，M1"艾布拉姆斯"主战坦克被美国出口至澳大利亚、埃及、沙特阿拉伯以及波兰等国家与地区。

挑战者 1 主战坦克

挑战者 1 主战坦克是英国在 20 世纪 70 年代研制的一款主战坦克型号，这款主战坦克的研究是为了替代"酋长"主战坦克。挑战者 1 主战坦克装甲厚重，火力打击能力较好，但机动性却不尽如人意。20 世纪 90 年代后，英军装备的挑战者 1 主战坦克逐渐被挑战者 2 主战坦克所替代。

坦　克（二）

尺　　寸：	长 11.56 米，宽 3.52 米，高 2.5 米
重　　量：	62000 千克
乘　　员：	4 人
续航里程：	400 千米
装甲类型：	复合装甲
武器配置：	一门 120 毫米火炮，两挺 7.62 毫米机枪，2 组 ×5 具烟雾弹发射器
动力装置：	一台水冷柴油发动机，功率 1200 马力
机动性能：	最大公路速度 55 千米 / 小时，涉水深 1 米，过垂直墙高 0.9 米，越壕宽 2.8 米
产　　地：	英国

T-90 主战坦克

T-90 主战坦克最初作为苏联 T-72 主战坦克升级型号立项，研究时间是 20 世纪 80 年代末至 90 年代初，计划目标是在 T-72 主战坦克的基础上进行升级，并使用 T-80 主战坦克的火控系统等技术，项目之初，新型坦克被称为"T-72BU"。20 世纪 90 年代后，俄罗斯接手了这一研发项目，并将"T-72BU"更名为"T-90"。1993 年，T-90 主战坦克公开亮相，并于次年开始量产，装备俄军装甲部队。

尺　　寸：	长 9.53 米，宽 3.78 米，高 2.22 米
重　　量：	46500 千克
乘　　员：	3 人
续航里程：	500 千米，使用外挂副油箱可增至 700 千米
装甲类型：	多层复合装甲，"接触"-5 反应装甲
武器配置：	一门 125 毫米滑膛炮，一挺 7.62 毫米机枪，一挺 12.7 毫米重机枪
动力装置：	一台 V-84MS V 型 12 气缸增压柴油发动机，功率 837 马力
行驶速度：	最大公路速度 65 千米 / 小时
产　　地：	俄罗斯

坦　克（二）

- 在装备 T-90 主战坦克后，俄罗斯不断对这款主战坦克进行升级。2005 年，T-90A 主战坦克进入俄军服役。这款主战坦克装备功率为 1000 马力的 V-92S2 柴油发动机，机动性有所提升，同时增设 ESSA 热像仪，方便坦克车组成员在目视条件不良的环境中进行作战。同时，T-90A 主战坦克还更换了焊接炮塔。

坦 克（二）

- 此后，俄罗斯继续对 T-90A 主战坦克进行升级，研制出 T-90M 主战坦克。T-90M 主战坦克的自动装弹机能够容纳脱壳穿甲弹，同时换装功率 1130 马力的 V-92S2F 柴油发动机，机动性能再次提升。同时，T-90M 主战坦克增强了信息交互与战场感知能力，增设主动防御系统，于 2020 年开始装备俄军。

T-90A 主战坦克

90式主战坦克

90式主战坦克是日本在20世纪70年代中期开始研制的一款主战坦克型号，这款主战坦克于1992年开始小规模量产。90式主战坦克装备有激光测距仪、计算机火控系统、三防装置、热成像夜视仪等装置，采用液气悬挂系统，底盘可随意升高或降低，以适应日本的山地环境。此外，90式主战坦克的生产成本较高，早期单车成本为11亿日元（约为725万美元），后期降至8亿日元（约为527万美元）。

坦 克（二）

尺　　寸： 长 9.76 米，宽 3.4 米，高 2.34 米
重　　量： 50000 千克
乘　　员： 3 人
续航里程： 350 千米
装甲类型： 模块化复合装甲
武器配置： 一门 120 毫米滑膛炮（使用自动装弹机），一挺 7.62 毫米并列机枪，一挺 12.7 毫米高射机枪
动力装置： 一台 10ZG V 型 10 缸柴油发动机，功率 1500 马力
机动性能： 最大公路速度 70 千米/小时，涉水深 2 米，过垂直墙高 1 米，越壕宽 2.7 米
产　　地： 日本

勒克莱尔主战坦克

勒克莱尔主战坦克是法国在1983年开始研制的一款主战坦克型号,研制工作完成后于1991年进行量产,主要装备法国陆军。不同于多数北约国家使用装填手进行手动装弹的坦克,勒克莱尔主战坦克安装有自动装弹机,同时安装有遥控机枪,可降低车组成员打开炮塔舱盖使用机枪时被枪弹所伤的概率。

坦 克（二）

尺　　寸：	长 9.87 米，宽 3.71 米，高 2.46 米
重　　量：	53700 千克
乘　　员：	3 人
续航里程：	550 千米
装甲类型：	复合装甲
武器配置：	一门 120 毫米 52 倍径滑膛炮，一挺或两挺 7.62 毫米机枪，一挺 12.7 毫米机枪，三具九管烟雾弹发射器
动力装置：	一台 SAEM UDU V8X 1500 T9 增压 8 缸柴油发动机，功率 1500 马力
机动性能：	最大公路速度 73 千米/小时，涉水深 1 米，过垂直墙高 1.25 米，越壕宽 3 米
产　　地：	法国

126 世 界 战 车 World Fighting Vehicles

坦 克（二）

- 勒克莱尔主战坦克装备有主炮热成像观瞄器、激光测距仪、陆地导航系统，以及自动抑爆系统。

世界战车 World Fighting Vehicles

● 除装备法军外,勒克莱尔主战坦克也被法国出口至阿拉伯联合酋长国。同时,在一些游戏作品中也能够看到勒克莱尔主战坦克的"身影",比如在《战争雷霆》中就以法国的顶级主战坦克登场。

坦 克（二） 129

梅卡瓦主战坦克

梅卡瓦主战坦克是以色列在第三次中东战争后根据作战需求研制的一系列主战坦克型号，主要用于替换由M4"谢尔曼"中型坦克改装的M50/M51中型坦克。梅卡瓦主战坦克采用发动机前置的设计，因此车体正面有着更好的防御能力，不易被直接击穿。这款坦克的主要特点为装甲厚重，但机动性一般。

梅卡瓦 Mk Ⅰ 型

尺　　寸：长 8.36 米，宽 3.72 米，高 2.64 米
重　　量：60000 千克
乘　　员：4 人
续航里程：400 千米（公路）
装甲类型：复合装甲
武器配置：一门 105 毫米线膛炮，三挺 7.62 毫米机枪
动力装置：一台泰利迪恩 AVDS-1790-6A V 型 12 缸柴油发动机，功率 908 马力
机动性能：最大公路速度 46 千米/小时，过垂直墙高 1 米，越壕宽 3 米
产　　地：以色列

世界战车 World Fighting Vehicles

● 梅卡瓦主战坦克共有四种主要型号，分别为梅卡瓦 Mk I 型、梅卡瓦 Mk II 型、梅卡瓦 Mk III 型，以及梅卡瓦 Mk IV 型。

梅卡瓦 Mk I 型主战坦克

● 其中，梅卡瓦Mk I 型于20世纪70年代后期进行生产，产量250辆；梅卡瓦Mk II 型于1983年开始生产，产量580辆；梅卡瓦Mk III 型于1990年开始生产，产量780辆；梅卡瓦Mk IV 型于2002年开始生产，目前产量360辆，预计可增至660辆。

梅卡瓦Mk II 型主战坦克

梅卡瓦Mk IV 型主战坦克

134 世界战车 World Fighting Vehicles

坦 克（二）

● 近年间在中东地区所爆发的冲突中，梅卡瓦主战坦克在城区的战斗中屡遭小型无人机与反坦克火箭弹的联合绞杀并败下阵来，损失惨重。

10式主战坦克

10式主战坦克是日本在2012年投入使用的一款主战坦克型号，同时也是日本陆上自卫队目前装备的最新型号主战坦克。10式主战坦克具备防核生化能力、自动灭火装置等，同时装有自动装弹机，无需装填手进行手动装填。为了适应日本的山地地形，10式主战坦克重量较轻，且有着不错的机动性。

坦克（二）

尺　　寸：	长9.42米，宽3.24米，高2.3米
重　　量：	44000千克
乘　　员：	3人
续航里程：	440千米（公路）
装甲类型：	模块化复合装甲
武器配置：	一门120毫米44倍径滑膛炮，一挺7.62毫米并列机枪，一挺12.7毫米重机枪
动力装置：	一台水冷8缸四冲程柴油发动机，功率1200马力
行驶速度：	最大公路速度70千米/小时
产　　地：	日本

T-14 主战坦克

T-14主战坦克也称"T-14阿玛塔主战坦克",是俄罗斯在21世纪研制的一款主战坦克型号,这款坦克的原型车于2013年生产,并在2015年的莫斯科红场阅兵中为众人所知。T-14主战坦克装备有大型热成像观瞄仪器、激光测距仪、红外线搜寻仪等设备。同时这款坦克还配备有主动阵列雷达,能够同时追踪25个地面或40个空中的目标,追踪系统能够将目标位置传输至主动防御系统,以协助完成攻击。

坦 克（二）

尺　　寸： 长 10.8 米，宽 3.5 米，高 3.3 米
重　　量： 53000 千克
乘　　员： 3 人
续航里程： 440 千米（公路）
装甲类型： 模块化复合装甲
武器配置： 一门 125 毫米 49.2 倍径滑膛炮，一挺 7.62 毫米机枪，一挺 12.7 毫米重机枪
动力装置： A-85-3A 水平对卧式四冲程 12 缸双涡轮增压柴油发动机，功率为 1500 马力或 1200 马力
行驶速度： 最大公路速度 80~90 千米 / 小时
产　　地： 俄罗斯

世界战车 World Fighting Vehicles

- T-14主战坦克并未进行量产与大规模装备，目前仅作为试验车型进行使用。此外，T-14主战坦克也出现在游戏作品《装甲战争》中，能够被玩家所使用。

坦 克（二）

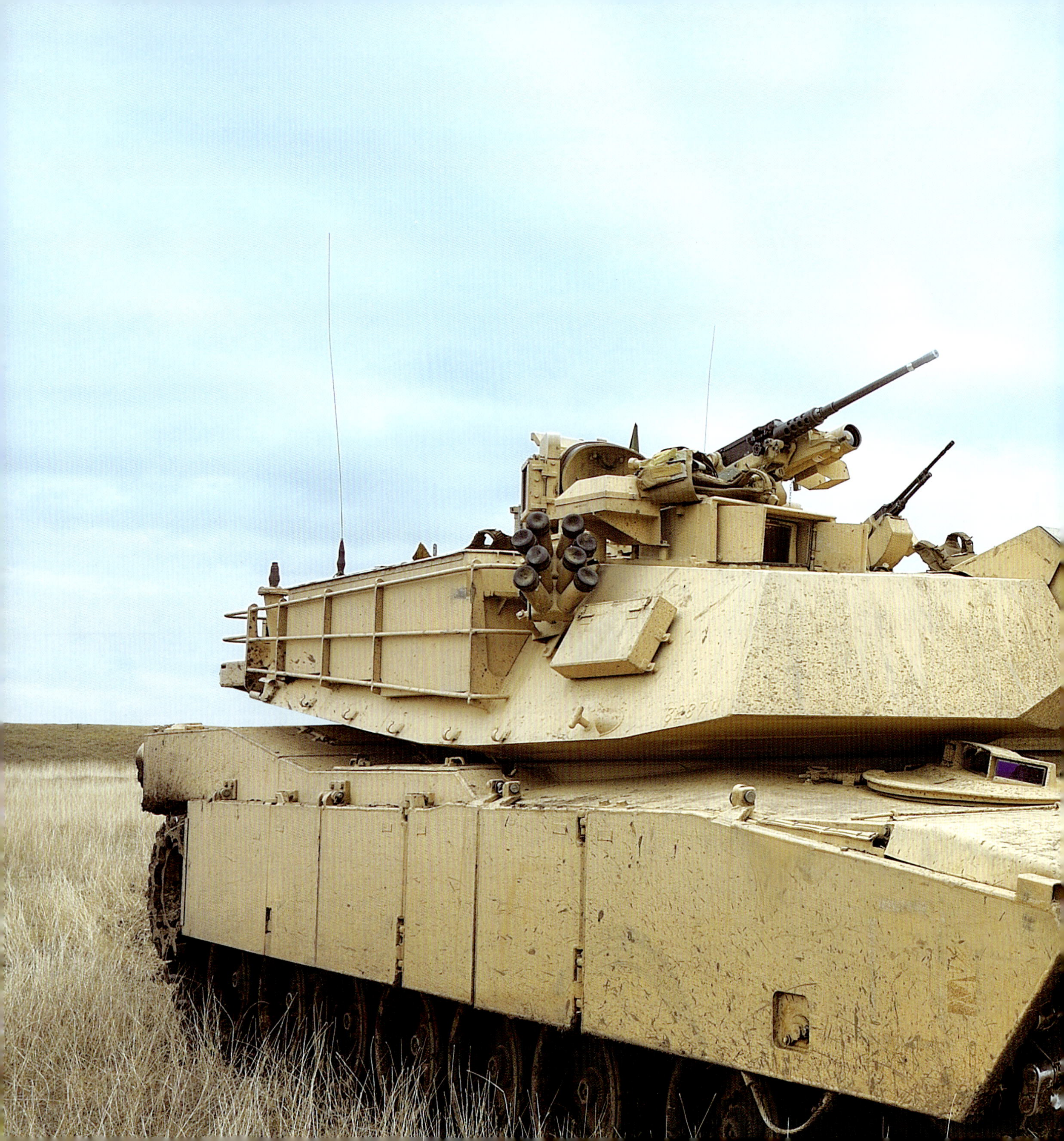

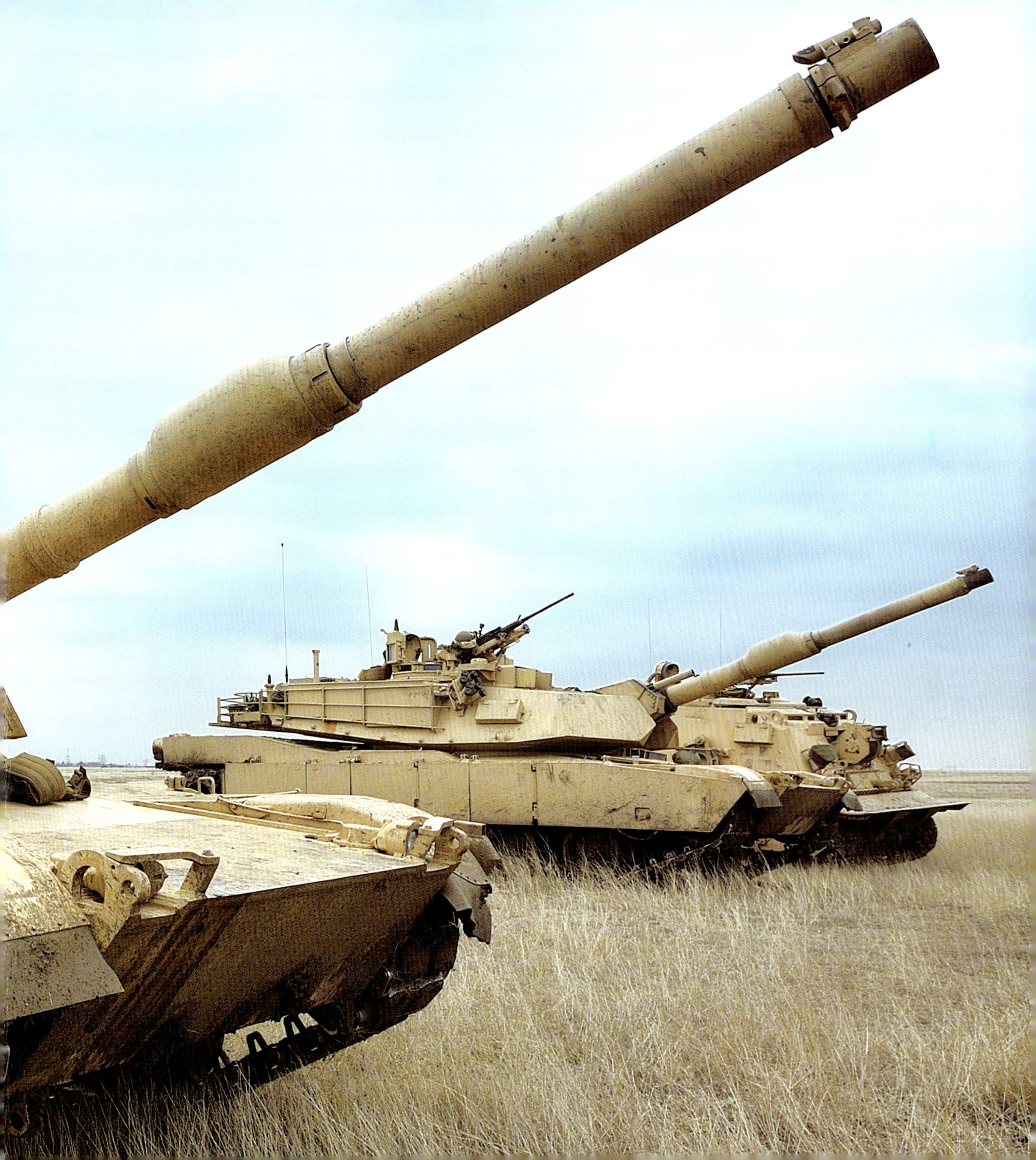

图书在版编目（CIP）数据

世界战车. 坦克. 二 / 罗兴编著. -- 长春 : 吉林美术出版社, 2024.4
　　ISBN 978-7-5575-8889-2

Ⅰ. ①世… Ⅱ. ①罗… Ⅲ. ①战车－介绍－世界②坦克－介绍－世界 Ⅳ. ①E923

中国国家版本馆CIP数据核字(2024)第080671号

世界战车 坦克 二
SHIJIE ZHANCHE TANKE 二

编　　著	罗　兴
责任编辑	陶　锐
开　　本	720mm×920mm　1/12
印　　张	12⅔
字　　数	63千字
版　　次	2024年4月第1版
印　　次	2024年4月第1次印刷
出版发行	吉林美术出版社
地　　址	长春市净月开发区福祉大路5788号
	邮编：130118
网　　址	www.jlmspress.com
印　　刷	小森印刷（北京）有限公司

ISBN 978-7-5575-8889-2　　　定价：58.00元